城乡配电网作业
现场安全设施标准化设置

CHENGXIANG PEIDIANWANG ZUOYE XIANCHANG ANQUAN
SHESHI BIAOZHUNHUA SHEZHI

国网宁夏电力有限公司　编

中国电力出版社
CHINA ELECTRIC POWER PRESS

内 容 提 要

本书对城乡配电网作业现场安全设施标准化设置进行了说明，明确了相关专业人员的工作职责，规范了运维检修、施工改造作业现场安全设施标准化设置要求，巩固落实作业现场安全管控标准化。

全书共分为六章，第一章为安全设施标准化概述；第二章为安全设施标准化管理体系；第三章为安全设施标准化设置原则；第四章为作业现场常用安全设施；第五章为安全设施标准化设置范例；第六章为城乡配电网作业现场安全设施设置事故案例。

本书可作为城乡配电网运维、检修、建设、施工改造等作业人员培训教材，也可供电力工程技术人员和安全管理人员参考。

图书在版编目（CIP）数据

城乡配电网作业现场安全设施标准化设置 / 国网宁夏电力有限公司编 .
—北京：中国电力出版社，2019.12
ISBN 978-7-5198-4193-5

Ⅰ. ①城…　Ⅱ. ①国…　Ⅲ. ①城市配电网－安全设备－标准化管理　Ⅳ.
① TM727.2

中国版本图书馆 CIP 数据核字 (2020) 第 022729 号

出版发行：中国电力出版社
地　　址：北京市东城区北京站西街 19 号（邮政编码 100005）
网　　址：http://www.cepp.sgcc.com.cn
责任编辑：马淑范
责任校对：黄　蓓　于　维
装帧设计：北京莹蕾元科技发展有限公司
责任印制：杨晓东

印　　刷：北京博图彩色印刷有限公司
版　　次：2019 年 12 月第一版
印　　次：2019 年 12 月北京第一次印刷
开　　本：880 毫米 ×1230 毫米　32 开本
印　　张：3.25
字　　数：53 千字
定　　价：28.00 元

本书编委会

主　任　马士林

副主任　季宏亮　贺　文　贺　波

编　委　李　放　杨春明　郝宗良　汪卫平　王钰娴
　　　　李建军　徐正华

主　编　黄富才

副主编　何志强　王宁国

参　编　时培环　段晓庆　楼　峰　张　亮　张韶华
　　　　陈盛君　张东山　韩相锋　解志新　何玉鹏
　　　　张金鹏　张旭宁　张红武　王志勇　尤　存
　　　　王志远　陈晓平

序 Foreword

安全生产事关人民群众生命财产安全，事关改革发展稳定大局，是企业发展的生命线。要充分认识安全生产的长期性、复杂性、艰巨性，牢固树立安全发展观，弘扬"生命至上，安全第一"的理念，坚持问题导向、目标导向和结果导向，久久为功、持续改进，标本兼治、综合施策，全面提升本质安全水平。

城乡配电网作业点多面广、任务重，从业人员较为分散、安全素养参差不齐，现场安全管控难度大，人身安全风险始终存在。电力企业必须坚持"安全第一、预防为主、综合治理"方针，对作业安全风险进行系统化治理，从人、机、料、法、环五个方面精准掌控危险点，减少和控制各类风险因素，防范安全事故。城乡配电网作业现场安全管理措施，必须具有与基层人员、外包人员相适应的易懂性、简捷性，才能充分发挥安全风险防控的作用，预防事故发生，避免从业人员生命或身体遭受损害。

国网宁夏电力有限公司以标准化建设为抓手，以管控关键风险为要点，深入开展城乡配电网生产作业的差异化研究，着力解决小型分散作业现场、电缆通道施工检修等各类作业安全设施标准化设置突出问题，将易懂、简捷、实用、减负的安全理念，融入配电网作业现场安全风险防控管理，消除安全隐患。通过多年对配电网作业现场安全设施标准化设置的实践探索，实现了配电网生产作业组织科学、风险可控、过程有序、结果安全，推进新时代配电网高质量、高效率发展，为实现"两个标杆"战略目标、建设世界一流能源互联网企业贡献力量。

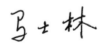

前言 Preface

　　随着社会经济的快速发展，我国各电压等级电网也取得协调长足发展，但是随着人民群众从"用上电"到"用好电"的观念转变，城乡配电网发展不平衡、不充分的问题还依然突出。"十三五"期间，为更好地服务经济社会发展，推动转型升级，城乡配电网的建设与改造还将保持高速增长。

　　城镇与乡镇配电网设备设施、作业环境、从业人员安全素养等存在差异性，生产作业活动安全风险防控重点各有不同。城市内各行业地下管线铺设规划布局、设计规范缺乏系统性和整体性，地下管线、管沟、管道交叉跨越、分层铺设，管线维护缺失、现场勘察不细和施工作业不慎导致公共安全事件时有发生。乡镇配电网施工检修作业具有规模小、地点分散、环境差异大和从业人员安全意识薄弱的特点，生产作业活动的人、机、料、法、环等各方面风险因素管控难度较大。随着电力深化改革，增量配电网和拥有配电网运营权的售电公司将组织开展生产作业活动，10kV及以下配电网建设施工和运维检修作业安全风险管控将面临新的挑战。

　　工程项目作业环境和作业条件的不确定性，参建各方人员作业安全失控的高风险性，都是配电网作业安全管控的难点问题。电力企业需要明确配电网作业现场安全措施、安全警示标识、周边环境隔离等文明施工基本要求，掌握与风险管理有关的措施和方法，全面控制风险因素。

作业现场安全设施是保证安全的重要技术措施。本书编者通过多年的现场实践，对城乡配电网作业现场安全设施的标准化设置进行了认真思考，梳理了11类典型施工检修作业现场的安全设施标准化设置案例，使用"示意图＋实景照片"的方式，对各类作业现场制定必选、可选安全设施配置清单，图文并茂、简洁清晰的展示出作业现场安全设施标准化设置要求。同时，编者充分考虑城乡配电网工程建设业务外包从业人员的知识结构与安全技能实际，便于从业人员理解与应用。兼顾作业现场安全设施设置的合理性、适用性、实用性，简单有效，设置便捷，拆除快捷，让从业人员不觉繁琐、不增负担，让现场人员喜用愿用，真正能够发挥安全设施的作用。最后对电力企业从事配电网作业时安全设施设置不到位或不规范，造成安全事故的案例进行剖析，希望能够对配电网从业人员有所警示。

本书编写过程中，得到国网宁夏电力有限公司领导和同仁的大力支持，在此表示衷心感谢！

由于编者理论水平和实践经验有限，书中难免出现疏漏不足之处，恳请广大读者批评指正。

编　者

目 录 Contents

▶▶▶ 第一章
安全设施标准化概述

一、目的和意义

配电网是国民经济和社会发展的重要公共基础设施，是电网重要组成部分，是保障电力"配得出、落得下和用得上"的重要设备。随着我国经济社会持续发展和人民生活水平日益提高，对配电网规划建设要求也日益提高。1998 年我国启动了城市和农村配电网改造工程，配电网施工检修任务快速增多。2015 年，国家能源局贯彻国务院关于加快配电网建设改造的指导意见，制定了《配电网建设改造行动计划（2015—2020 年）》，提出建设"城乡统筹、安全可靠、经济高效、技术先进、环境友好"的配电网络设施的发展目标，加快城乡配电网建设改造，推动转型升级，更好地服务经济社会发展。五年间，城乡配电网建设与改造投资不低于 2 万亿元，预计到 2020 年，中压公用配电变压器容量达到 11.5 亿 kVA，线路长度达到 404 万 km。

中压、低压配电网设备分布类型不同，具有设备选型、空间布置、设计方案多元化等特点，线路和变压器台区分布广泛，施工检修作业危险点辨识规律性不强。配电网改造工程数量庞大、单体工程小、建设周期短，参建队伍安全管理能力不强，参建人员流动性大、安全技能水平参差不齐，施工检修过程中高处坠落、倒杆断线、触电、坠物伤人等人身和物体机械伤害安全风险较大。近年来在中压、低压配电网设备施工检修作业安全事故时有发生，造成从业人员伤亡的严重后果。

电力生产作业的高风险特征，要求电力企业持续完善作业现场的生产条件和安全设施，规范操作规程，对从业人员进行安全教育培训。《电力安全工作规程》规定了保证安全的技术措施，"停电、验电、接地、装设遮栏（围栏）和悬挂标示牌"是保证人身安全的核心要点。

安全设施指生产经营活动中将危险因素、有害因素控制在安全范围内以及预防、减少、消除危害所设置的安全标志、设备标志、安全警示线、安全防护设施的统称。配电网作业现场布置的安全遮栏和标示牌就是安全设施的应用，其主要作用体现在两个方面。一是将施工检修区域与周边环境进行有效隔离，防止非作业人员误入，保证高处作业物品坠落半径；二是进行停电检修设备的警告、提示安全标示，防止人员误操作送电至检修设备，防止或有效降低可能发生的安全事故，保证作业人员安全。在现场实践中，城乡配电网作业现场安全设施设置缺少统一标准，存在两种突出表象。部分作业现场安全设施配备不足，设置目标不明确，摆放随意不规范，无法起到安全遮栏和标示牌设置的主要作用。部分作业现场安全设施过度设置，大量展示牌、小看板、指示牌等辅助性设施增加现场作业负担，分散作业人员做好主责主业的注意力，设置目标偏移化，设施设置形式化。

随着电力从业人员安全防护理念的进步，电力企业需要制定适应城乡配电网设备现状、作业环境的安全设施设置标准，研究改良适用于配电网施工检修作业的安全设施，切实发挥安全遮栏和悬挂标示牌保障人身安全技术措施的作用。

二、管控目标

本书通过分析城乡配电网作业现场安全设施设置与使用的工作现状，以保证人身安全为目标，以杜绝安全隐患为导向，按照城市配电网、供电所、施工项目部等组织机构理清职责分工，规范安全设施标准化设置管理体系；按照工程施工、运维检修、带电作业、重要保电等作业类型制订安全设施标准化设置工作规则。通过规范城乡配电网各类作业现场的安全设施标准化设置，更好地发挥防止误登带电杆塔、防止误碰带电设备、防止电气误操作等不安全行为的作用。

本书在编写的过程中，充分考虑城乡配电网工程建设业务外包从业人员的知识结构与安全技能实际，梳理了城乡配电网 11 类典型施工检修作业现场的安全设施标准化设置案例，使用"示意图 + 实景照片"方式，对各类作业现场制定必选、可选安全设施配置清单，图文并茂、简洁清晰地展示出作业现场安全设施标准化设置要求，便于从业人员理解与应用。

>>> 第二章

安全设施标准化管理体系

安全生产责任制是电力企业依法履行安全生产主体责任的基础保障，是电力企业保证安全生产稳定的基础。《中共中央国务院关于推进安全生产领域改革发展的意见》要求，生产经营单位要依法依规制定各级组织机构、各级岗位人员的安全责任清单，明晰安全职责界面分工，明确履责要求和履责记录，夯实安全生产基础。城乡配电网工程作业现场具有作业地点分散管控难、作业复杂程度差异大、作业人员安全意识弱等明显特点，任何现场作业都需要设备运维单位与检修（施工）单位配合完成，责任双方在作业现场安全设施标准化设置工作中承担的安全责任和管理责任需要进行明确区分，确保安全设施标准化设置取得应有成效。

一、职责分工

配电网运维检修是对配电网所采取的巡视、检测、维护等技术管理措施和手段的总称。电网企业配电网运维检修实行专业化管理，班组机构设置通常为配电运检班、带电作业班、抢修班、供电所等，根据配电网设备供电区域进行责任分工，开展运维检修、故障抢修、交接验收等各类工作。配电网新（扩）建、技术改造实行项目化承发包管理，设备运维单位承担"设备主人责任"，与施工（检修）单位签定安全协议，明确在施工(检修)过程中双方各自负责的安全责任。作业现场进行安全设施标准化设置时，设备运维单位、检修（施工单位）安全责任需要进行明确分工。

1.设备运维单位

设备运维单位主要职责如下：

（1）负责组织现场勘察，会同检修（施工）单位辨识危险点。

（2）负责制订配电网作业现场安全设施标准化设置方案。

（3）负责作业现场安全设施的领用、检查和归还管理。

（4）负责完成设置方案明确由设备运维单位实施的安全设施标准化设置。

（5）负责指导和监督施工单位进行新（扩）建、技术改造、接火工程作业现场的安全遮栏隔离。

（6）新（扩）建、技术改造、接火工程的配电网设备带电前后，设备运维单位负责组织及时变更安全设施。

2. 检修（施工）单位

检修（施工）单位主要职责如下：

（1）负责组织或参与现场勘察，辨识作业现场危险点。

（2）负责检查设备运维单位设置的安全设施是否正确完备，必要时提出补充完善要求。

（3）负责配合设备运维单位装设新（扩）建、技术改造、接火工程作业现场的安全遮栏。

（4）负责组织参与作业人员严格执行配电网作业现场安全设施标准化设置的管理。

（5）工作许可后，检修（施工）单位负责保护安全设施的完好性。

二、工作流程及执行要点

作业现场安全设施标准化设置工作流程主要包括危险点现场勘察、编制安全设施设置方案、准备安全设施、执行停电验电接地技术措施、装设安全遮栏、悬挂标示牌、安全措施检查、工作许可等关键环节，如图 2-1 所示。

1. 现场勘察

（1）需要开展现场勘察的配电网作业现场。

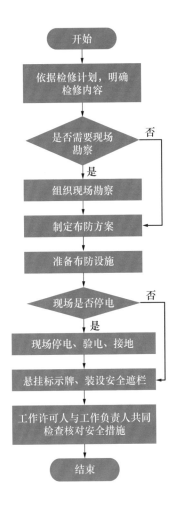

图2-1 配电作业现场安全设施标准化布置工作流程

1）有同杆（塔）架设、交叉跨越、联络线、多电源和有可能反送电的全部和部分停电的检修（施工）作业。

2）地下设施不清的检修（施工）作业。

3）立杆、撤杆（塔）和放、撤导线的作业。

4）带电作业。

5）在分布式电源并网点和公共连接点之间的作业。

6）用户工程和设备上的工作。

7）环网柜、分支箱、箱式变压器更换及变压器台区迁移等工作。

8）工作票签发人或工作负责人认为有必要现场勘察的其他检修（施工）作业。

（2）现场勘察应由工作票签发人或工作负责人组织，工作负责人、设备运维单位和检修（施工）单位相关人员参加。对涉及多专业、多部门、多单位的作业项目，应由项目主管部门（单位）组织相关人员共同参与。

（3）现场勘察需要查看检修（施工）作业需要停电的范围、保留的带电部位、装设接地线的位置、邻近线路、交叉跨越、多电源、自备电源、分布式电源、地下管线设施等，以及作业现场周边的道路条件、人员流动和其他可能影响作业的危险点，提出符合现场安全作业条件的安全措施和注意事项。

（4）现场勘察需要确定作业现场装设安全遮栏的布局方案，理清需要悬挂标示牌的具体地点和数量，作为安全设施准备的基础。

（5）现场勘察人员负责填写勘察记录，送交工作票签发人、工作负责人及相关各方，作为填写、签发工作票的基础。

（6）作业现场开工前，工作负责人或工作票签发人应重新核对现场勘察情况，发现与原勘察情况有变化时，要及时修正、完善相应的安全措施。

2.编制安全设施设置方案

根据现场勘察危险点和作业环境，工作负责人组织编制作业现场安全设施标准化布置方案，确定安全遮栏选型、数量和布置方位，确定标示牌类型、数量和悬挂地点，指定各类安全设施标准化布置的工作人员和验收人员。

编制作业现场安全设施标准化设置方案时注意要点如下。

（1）合理选型。新（扩）建、技术改造、接火工程的作业现场，设备运维单位应结合现场勘察危险点编制安全设施设置方案，对于有触电危险的作业现场应使用绝缘材料制作的安全设施。

（2）有序设置。作业现场安全遮栏、安全标示牌、辅助安全设施适量选用，围绕作业现场危险点进行布防规划，用适量的安全标志将必要的信息展现出来，避免漏设、滥设。

安全设施设置应不妨碍操作或检修工作，不应设置在可移动的物体上。

（3）利于视读。作业现场安全设施要指示准确、图文清晰、简洁易懂，设置在过往人员最容易看到的醒目位置，不受固定障碍物遮挡存在视线死角，尽量避免被移动物体遮挡。

（4）警示醒目。安全遮栏和辅助性安全设施要具有反光、示廓、示高等警示色或安全标识，室外露天场所设置的消防安全标志及交通标志宜用反光材料或自发光材料制作。

（5）强化协同。作业现场安全设施设置需要对道路、管线等进行封闭隔离时，应提前取得相关管理方许可，必要时由对方派员进行现场核实。

3. 安全设施设置与许可

（1）施工单位根据方案准备符合管理要求的硬质安全遮栏，其他安全设施由设备运维单位提供准备。设备运维单位按照设置方案，正确选型、足量准备安全设施，履行领用程序后运抵作业现场。

（2）设备运维单位、检修（施工）单位严格执行作业现场安全设施标准化设置方案，按照临近道路安全警示辅助标志、装设安全遮栏、悬挂标示牌的顺序进行安全设施设置。

（3）办理配电第一种工作票、带电工作票等同一份工作票所列安全设施，应在工作许可前一次性完成。

（4）办理配电第二种工作票开展专业巡视、带电检测、日常维护等流动性作业时，"在此工作！"标示牌不必一次性全部悬挂，可由工作负责人随工作地点转移进行悬挂、拆除。

（5）工作许可人会同工作负责人进行安全措施和安全设施设置情况的现场检查、核对与交底，确认无误后，方可许可开工。

（6）作业过程中，检修（施工）单位负责安全设施的完好性，禁止任何人员擅自移动或拆除设备运维单位设置的安全设施，确需改变时应由工作负责人征得工作许可人同意。

（7）工作许可人需要对作业现场安全设施的使用和维护情况进行不定期检查。

4. 安全设施拆除与归还

（1）工作终结前，设备运维单位负责检查作业现场安全设施的完好性，防止设施损坏或丢失。

（2）工作终结后，设备运维单位组织拆除现场设置的安全设施，拆除时按照取下标示牌、拆除安全遮栏、撤离临近道路安全警示辅助标志的顺序执行。

（3）承发包工程项目工作终结时，设备运维单位组织检修（施工）单位进行安全设施拆除工作。

（4）拆除安全设施时要加强保护，不得对安全设施进行破坏性拆除，不得因拆除安全设施破坏施工成品。

（5）设备运维单位要组织清点安全设施类型与数量，履行归还入库手续。

>>> 第三章
# 安全设施标准化设置原则

配电网按照供电区域、负荷分布不同，可以分为城镇配电网和乡镇配电网。城镇、乡镇 10kV 及以下电压等级配电网电气系统典型设计方案、设备选型差异明显。城镇配电网普遍选用开关站（配电室）、环网柜、分支箱、箱式变压器、电缆、绝缘导线等设备。乡镇配电网普遍选用配电变压器、水泥电杆、中低压架空线路、ADSS 光缆等设备。

一、作业现场分类标准

结合城乡配电网设备选型、施工检修方式的差异化，将配电网各类作业现场分为 11 类：

（1）开关站施工检修作业现场。

（2）箱（柜）式设备施工检修作业现场。

（3）柱上变压器施工检修作业现场。

（4）架空线路施工检修作业现场。

（5）电缆线路施工检修作业现场。

（6）低压设备施工检修作业现场。

（7）保电现场。

（8）同杆（塔）架设多回线路施工检修作业现场。

（9）中压架空线路带电作业现场。

（10）中压电缆不停电作业现场。

（11）电缆通道建设作业现场。

二、安全设施设置基本原则

（1）作业现场遵循"功能分区、定置摆放"原则，整齐摆放新旧设备、材料、机具和工器具、安全工器具、仪器仪表、备品备件等，各类物品摆放要整齐、稳固、美观。

（2）新（扩）建、技术改造、接火工程的施工作业现场应设置新设备区、退役设备区、材料区、工器具区、备品备件区和垃圾区等。现场各功能分区应悬挂（粘贴）醒目的指示牌，不宜使用金属指示牌或是带有底座（三脚架）的指示牌。

（3）配电箱（柜）式设备施工检修作业现场安全设施标准化设置分为外部环境隔离设施和电气设备隔离设施两部分。

（4）作业现场宜使用带有定置化标示的防潮帆布。

（5）材料加工区涉及动火作业时，应与其他功能分区警示隔离。

三、安全设施分类设置原则

1. 开关站作业现场

（1）开关站设备全停时，只需在各个可能来电侧断路器和隔离开关的操作把手，以及对侧线路间隔的断路器和隔离开关操作把手上悬挂"禁止合闸，有人工作"或"禁止合闸，线路有人工作"示示牌。

（2）开关站内大部分设备停电，只有个别地点保留带电部位时，宜在带电设备四周装设全封闭的安全遮栏，安全遮栏上悬挂适当数量的"止步，高压危险"标示牌，标示牌应朝向安全遮栏外面。其他停电设备不再设置安全遮栏。

（3）在部分停电的开关柜上工作，应在禁止通行的检修通道装设安全遮栏，高压配电室入口处悬挂"从此进出"标示牌。在工作地点相邻和对面运行的开关柜悬挂"运行设备"警示标志，涉及出线套管（穿墙套管）作业时，应在相邻运行间隔悬挂"运行设备"警示标志。

（4）小车开关转至检修位置后，应检查静触头隔离挡板是否可靠锁闭，必要时增设绝缘挡板，或锁闭开关柜正面柜门，悬挂"止步，高压危险"标示牌。

（5）10kV及以下电压等级设备检修安全距离不足时，

可用试验合格的绝缘挡板（或绝缘罩）隔离带电部分。

（6）开关站配电室内改（扩）建施工作业时，使用安全遮栏将施工设备与运行设备可靠隔离。出入口要围至高压配电室门口，在安全遮栏出入口处悬挂"从此进出"标示牌，在作业地点悬挂"在此工作"标示牌。

2. 室外配电设备作业现场

（1）城区、人口密集区或交通道口和通行道路上施工时，工作场所周围应装设安全遮栏和警告标志。在山区、野外和无人区域作业时，可依据作业现场实际不设安全遮栏和警告标志。

（2）在道路上或道路两侧施工，距离道路较近时，应在作业地段两侧分别设置"前方施工，减速慢行"警示牌。警示牌前后摆放安全锥，每侧配备安全锥不宜超过6个，并派专人看管。掘路施工应做好防止交通事故的安全措施。施工区域应用安全遮栏等进行分隔，并有明显标记，夜间施工人员应佩戴反光标志，施工地点应加挂警示灯。

（3）在居民区及交通道路附近开挖的基坑、井、坑、孔、洞或沟(槽)应加盖与地面齐平而坚固的盖板，装设安全遮栏，加挂"前方施工，禁止通行"警告牌，夜间挂红灯。若需取下盖板，应设临时安全遮栏和警示标识。临时孔洞在施工结束后应恢复原状。

（4）在有人员通过的地段进行杆塔上作业时，作业点下方应按高空坠物半径设安全遮栏或其他隔离防护措施。

（5）室外配电设备停电检修时，使用"口袋式"安全遮栏将作业区域和周边环境进行隔离。每一处"口袋式"布防的安全遮栏只能预留一个出入口，宽度一般不宜超过3m，在出入口悬挂"从此进出"标示牌。安全遮栏内配电设备整体检修，可以在出入口悬挂"在此工作"标示牌。安全遮栏上悬挂适当数量的"止步，高压危险"标示牌，标示牌应朝向安全遮栏外面。

（6）电缆环网柜、箱式变压器等设备，需要根据作业内容、作业范围在箱(柜)内部进行安全设施的布防，悬挂"在此工作"标示牌、"设备运维"警示标示等。

（7）电缆环网柜、电缆分支箱等设备全停时，只需在各个可能来电侧断路器和隔离开关的操作把手，以及对侧线路间隔的断路器和隔离开关操作把手悬挂"禁止合闸，有人工作"或"禁止合闸，线路有人工作"标示牌。

（8）接地刀闸与检修设备之间连有断路器，在接地刀闸和断路器合上后，在断路器的操作把手上应悬挂"禁止分闸"标示牌。

（9）熔断器的熔管应摘下或悬挂"禁止合闸，有人工作"或"禁止合闸，线路有人工作"的标示牌。

（10）低压开关（熔丝）拉开（取下）后，应在适当位置悬挂"禁止合闸，线路有人工作"标示牌。

（11）工作地点有可能误登、误碰的临近带电设备，应根据设备运维环境悬挂"止步，高压危险"等标示牌。

（12）使用旁路带电作业车时，旁路电缆安装完毕后应设置安全遮栏和"止步、高压危险！"标示牌，防止旁路电缆受损或行人靠近旁路电缆。

▶▶▶ 第四章
作业现场常用安全设施

按照《安全标志及其使用导则》《国家电网公司安全设施标准》等规程规定，结合城乡配电网各类作业现场工作范围、工作复杂程度对安全设施的要求，将作业现场常用安全设施分为安全遮栏、安全标示牌、辅助安全设施等类别。常用安全设施要符合配电网作业地点分散，流动性强的显著特点，可伸缩或折叠便于运输，重量较小便于设置，安全色和对比色标识符合国家与行业标准。

一、安全遮栏

1. 伸缩式安全遮栏（见图 4-1）

用途：用于封闭禁止通行的通道。

要求：应将相邻伸缩式安全遮栏之间的活扣扣好，"止步，高压危险"标志应面向作业区域。

材质：玻璃钢、合金材料、塑胶。

常用尺寸：3×1.25m/ 面。

结构：玻璃钢安全遮栏片、支撑杆、支座。

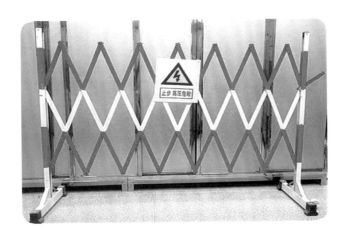

图 4-1　伸缩式安全遮栏

2. 拉网式安全遮栏（见图 4-2）

用途：用于隔离检修设备与运行设备。

要求：上下边缘应拉紧、固定，安全遮栏形状宜做到直边、直角，"止步，高压危险"标志应面向作业区域。

材质：化纤、棉、合金、铸铁、玻璃钢。

常用尺寸：5×1.2m/ 面。

结构：软质网格结构，配合支撑杆、支撑架使用。

图 4-2　拉网式安全遮栏

3. 拉带式安全遮栏（见图 4-3）

用途：主要用于室内检修通道的隔离。

要求：应做到直角直边，不得将拉带缠绕在设备上。

材质：化纤、合金、铸铁、塑料。

常用尺寸：高度 1m、筒体的直径 80cm、底盘直径 35cm、拉带长度 3~5m、带宽 5cm。

结构：筒内置伸缩拉带，配合支撑杆、铸铁底盘使用。

图 4-3 拉带式安全遮栏

4. 盘式警示安全遮栏（见图 4-4）

用途：主要用于隔离检修通道、高空坠物、起吊场所、高压试验、临时打开的沟道等作业场所。

要求：应做到直角直边，不得将拉带缠绕在设备上。

材质：化纤、塑料。

常用尺寸：带长 50、80、100m，带宽 5cm。

结构：盘内置拉带，配合支撑杆使用。

图 4-4　盘式警示安全遮栏

二、安全标示牌

配电网作业现场常用安全标示牌包括禁止标志牌、提示标志牌、警告标志牌等三种基本类型。安全标示牌一般使用通用图形标志和文字辅助标志的组合标志，宜使用衬边，以使安全标示牌与周围环境形成强烈的视觉对比。

1. 禁止标示牌

禁止标示牌的作用是禁止作业人员的不安全行为。配电网作业现场常用的禁止标示牌包括"禁止合闸，有人工作""禁止合闸，线路有人工作""禁止分闸""禁止攀登，高压危险""施工现场，禁止通行""禁止跨越"六类。

禁止标示牌基本型式是长方形衬底牌，衬底色为白色。

标示牌上方是禁止标志，使用带斜杠的红色圆边框，斜线倾斜角为45°，表示禁止内容的符号为黑色。标示牌下方是矩形边框衬底的文字辅助标志，衬底色为红色（红—M100 Y100），文字为黑色黑体字（黑—K100）。图形上、中、下间隙，左、右间隙相等，常用禁止标示牌及设置规范见表4-1。

表 4-1 常用禁止标示牌及设置规范

名 称	图形标志示例	设置范围和地点	式 样		
			尺寸/mm	颜色	字样
禁止合闸，有人工作		一经合闸即可送电到检修设备的断路器和隔离开关（刀闸）操作把手上	200×160 和 80×65	白底，红色圆形斜杠，黑色禁止标志符号	红底黑字
禁止合闸，线路有人工作		线路断路器和隔离开关（刀闸）把手上	200×160 和 80×65	白底，红色圆形斜杠，黑色禁止标志符号	红底黑字

名　称	图形标志示例	设置范围和地点	式　样		
			尺寸/mm	颜色	字样
禁止分闸		接地刀闸与检修设备之间的断路器操作把手上	200×160 和 80×65	白底，红色圆形斜杠，黑色禁止标志符号	红底黑字
禁止攀登，高压危险		配电装置构架的爬梯上	500×400 和 200×160	白底，红色圆形斜杠，黑色禁止标志符号	红底黑字
施工现场，禁止通行		设置在作业现场安全遮栏旁，或在禁止通行的作业现场出入口处的适当位置	500×400 和 200×160	白底，红色圆形斜杠，黑色禁止标志符号	红底黑字
禁止跨越		设置在电力土建工程施工作业现场安全遮栏旁；设置在深坑、管道等危险场所面向行人	500×400 和 200×160	白底，红色圆形斜杠，黑色禁止标志符号	红底黑字

2. 提示标示牌

提示标示牌的作用是向作业人员提供某种信息（如标明安全设施或场所旁）。配电网作业现场常用的提示标示牌包括"在此工作""从此上下""从此进出"三类。

提示标示牌基本型式为正方形衬底牌，衬底色为绿色（绿—C100 Y100），中间嵌套白色圆形，圆形距离四周间隙相等。白色圆形内部标注提示的相应文字，文字为黑色黑体字（黑—K100），字号根据标志牌尺寸和字数调整。

常用提示标示牌及设置规范，见表4-2。

表4-2　　　　　常用提示标示牌及设置规范

名　称	图形标志示例	设置范围和地点	式样		
			尺寸/mm	颜色	字样
在此工作		工作地点或检修设备上	250×250和80×80	衬底为绿色，中有直径为200mm和65mm白圆圈	黑字，写于白圆圈中部

名　称	图形标志示例	设置范围和地点	式　样		
			尺寸/mm	颜色	字样
从此上下	从此上下	工作人员可以上下的铁架、爬梯	250×250	衬底为绿色，中有直径为200mm白圆圈	黑字，写于白圆圈中部
从此进出	从此进出　从此进出	工作地点安全遮栏的出入口处	250×250	衬底为绿色，中有直径为200mm白圆圈	黑字，写于白圆圈中部

3. 警告标示牌

警告标示牌的作用是提醒人们对周围环境引起注意，以避免可能发生的危险。配电网作业现场常用的警告标示牌包括"止步，高压危险""当心障碍物""当心坑洞"三类。

警告标示牌基本型式为长方形衬底牌，衬底色为白色。

标示牌上方是带黑色边框的正三角形警告标志，三角形内部衬底为黄色（黄—Y100），表示禁止内容的符号为黑色（黑—K100）。标示牌下方是矩形黑色边框、白色衬底的文字辅助标志，文字为黑色黑体字（黑—K100）。图形上、中、下间隙相等。

常用警告标示牌及设置规范，见表4-3。

表4-3　　　　　　常用警告标示牌及设置规范

名　称	图形标志示例	设置范围和地点	式　样		
			尺寸/mm	颜色	字样
止步，高压危险		施工地点临近带电设备的安全遮栏上；室外工作地点的安全遮栏上；禁止通行的过道上；高压试验地点；工作地点临近带电设备的横梁上	300×240和200×160	白底，黑色正三角形及标志符号，衬底为黄色	黑字

名　称	图形标志示例	设置范围和地点	式　样		
			尺寸/mm	颜色	字样
当心障碍物		设置在地面有障碍物，绊倒易造成伤害的地点	300×240和200×160	白底，黑色正三角形及标志符号，衬底为黄色	黑字
当心坑洞		设置在生产现场和通道临时开启或挖掘电缆沟、管沟、孔洞时的四周安全遮栏上	300×240和200×160	白底，黑色正三角形及标志符号，衬底为黄色	黑字

三、辅助安全设施

辅助安全设施的作用是将作业现场与周围环境隔离，提醒过往人员引起注意远离作业区域，以避免可能发生的危险。配电网作业现场常用的辅助安全设施包括道路通行警示牌、安全锥、孔洞盖板、绝缘挡板、防潮帆布、电缆保护槽、红色布幔等，详见表4-4。

表 4-4 常用辅助安全设施及设置规范

名　称	图形标志示例	设置范围、地点和式样
"前方施工，减速慢行"警示牌		主要用于临近道路作业现场的警示提示。基本形式为长方形蓝色衬底牌，内有白色边框及白色字体，附有黄底黑图的警示标志，具有夜间反光效果。 尺寸一般为 800mm× 400mm、1200mm× 400mm 两种，也可根据现场实际情况制作
安全锥		主要用于作业现场与行人、车辆等在室外交通、城市路口车道、室外停车场、人行道以及建筑物等之间的隔离警示
孔洞盖板		主要用于遮蔽作业现场打开的电缆沟、管沟出入口等。 孔洞盖板可制成矩形、方形、圆形三种，应至少大于孔洞边缘 100mm，与地面齐平摆放。限位块在盖板下布置，不应小于四点且应焊接牢固，限位块与孔洞边缘距离不得大于 25~30mm

名　称	图形标志示例	设置范围、地点和式样
绝缘挡板		主要用于高低压同杆作业现场，防止工作人员超出工作范围触及带电设备。绝缘挡板应使用轻型材料，可以实现便携式安装，颜色醒目
防潮帆布	 （推荐使用有功能分区的帆布，但不作为强制性要求）	防潮帆布应摆放在不影响人员站位操作且地面平整的区域，便于作业人员取用安全工器具和各类材料。带电作业正下方应使用防潮帆布。 帆布面积应满足作业现场摆放安全工器具、备品备件等物品的需求，宜进行功能分区标注

续表

名　称	图形标志示例	设置范围、地点和式样
电缆保护槽		主要用于保护裸露的联络电缆，防止电缆线路受到外力破坏，同时起到保障人身安全作用。 带电作业中所使用旁路柔性电缆应选用专用的防护盖板进行保护
"运行设备"红色布幔		主要用于设备部分停电作业现场隔离运行设备，警示周边临近的带电设备。 红色布幔印有"设备运维"或"运行设备"字样，尺寸一般为2400mm×800mm、1200mm×800mm、650mm×120mm，也可根据现场实际情况制作

>>> 第五章

安全设施标准化设置范例

一、开关站检修作业现场

1. 适用范围

配电网开关站内电流、电压互感器停电检修，电缆头检修、制作安装，防凝露装置安装，高压试验和保护传动等工作。

2. 安全设施标准化设置方案

某开关站 914 间隔电缆终端头制作安装作业现场设置，高压配电室电气设备分布示意图见图 5-1，现场使用的安全设施清单见表 5-1。

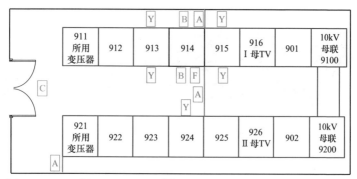

图 5-1 开关站检修作业现场安全设施标准化设置

（1）以914开关柜、915开关柜连接处为基准，在柜前、柜后检修通道装设安全遮栏。

（2）安全遮栏上悬挂适量"止步，高压危险"标示牌，字朝向914开关柜方向。

（3）在入口处悬挂"从此进出"标示牌。

（4）在914开关柜前门、后门分别悬挂"在此工作"标示牌。

（5）在914开关合闸操作把手处悬挂"禁止合闸，有人工作"标示牌。

（6）在与914开关柜后部上柜门，以及相邻的913、915开关柜前门、后门分别悬挂"运行设备"标志，在914开关柜对面的924开关柜前门悬挂"运行设备"标志。

表5-1　　　开关站检修作业现场安全设施清单

安全设施名称	必选●	可选○	备注
安全遮栏	●		
"止步，高压危险"标示牌	●		
"在此工作"标示牌	●		
"从此进出"标示牌	●		

安全设施名称	必选●	可选○	备注
"禁止合闸,有人工作"标示牌	●		
防潮帆布	●		
"运行设备"标志	●		
"禁止攀登,高压危险"标志		○	

3. 安全设施标准化设置效果图

安全设施标准化设置效果图见图 5-2~ 图 5-5。

非检修通道设置安全遮栏

"从此进出"标示牌

图 5-2 开关站检修作业现场出入口安全设施设置

检修间隔

相邻间隔悬挂"运行设备"红色布幔

非检修通道设置安全遮栏

对侧间隔悬挂"运行设备"红色布幔

图 5-3　对侧及相邻高压开关柜安全设施设置

检修间隔

悬挂"禁止合闸，有人工作"标示牌

"在此工作"标示牌

图 5-4　高压开关柜（正面）安全设施设置

检修间隔后部上柜门挂"运行设备"红色布幔

非检修通道设置安全遮栏

检修间隔

相邻间隔后柜门挂"运行设备"红色布幔

"在此工作"标示牌

图 5-5　高压开关柜（背面）安全设施设置

二、箱（柜）式设备检修作业现场

1. 适用范围

（1）电缆环网柜、分支箱、对接箱、箱式变压器等设备整体更换。

（2）电气间隔设备小修、试验、保护传动，电缆头制作、安装，防凝露制作等检修工作。

2. 安全设施标准化设置方案

（1）按照外部环境隔离设施和电气设备隔离设施分别进行安全设施设置。

（2）设备整体更换时仅进行外部环境隔离安全设施设置。

（3）电气间隔检修时同时进行外部环境隔离设施和电气设备隔离设施设置。

（4）作业地段临近道路两端分别摆放"前方施工，减速慢行"警示牌，并配置适当数量的安全锥。

（5)柜体内部安全设施设置包含"在此工作""禁止合闸，有人工作"标志牌和"运行设备"红色布幔等。

箱（柜）式设备检修外部环境安全设施布置见图5-6，现场使用的安全设施清单见表5-2。

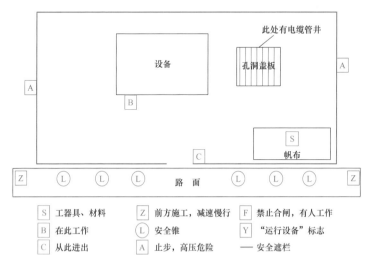

图5-6 箱（柜）式设备检修外部环境安全设施布置

表 5-2　箱（柜）式设备检修外部环境安全设施清单

安全设施名称	必选●	可选○	备注
安全遮栏	●		
"止步，高压危险"标示牌	●		
"在此工作"标示牌	●		
"从此进出"标示牌	●		
防潮帆布	●		
"运行设备"标志		○	
"前方施工，减速慢行"警示牌	●		
安全锥	●		
孔洞盖板	●		
绝缘挡板		○	
垃圾箱		○	

　　箱（柜）式设备检修内部电气设备安全设施布置见图 5-7，现场使用的安全设施清单见表 5-3。

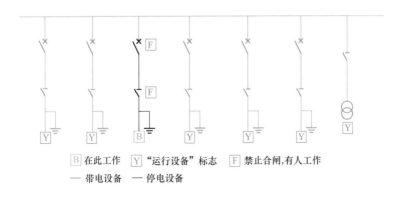

B 在此工作 Y "运行设备"标志 F 禁止合闸,有人工作

— 带电设备 — 停电设备

图 5-7 箱(柜)式设备检修内部设备安全设施布置

表 5-3 箱(柜)式设备检修内部设备安全设施清单

安全设施名称	必选●	可选○	备注
"在此工作"标示牌	●		
"运行设备"标志	●		
"禁止合闸,有人工作"	●		
"禁止合闸,线路有人工作"		○	
防潮帆布	●		

3. 安全设施标准化设置效果图

安全设施标准化设置效果图见图 5-8~ 图 5-12。

"前方施工，减速慢行"标示牌，道路两端均需放置

安全锥

图 5-8　箱（柜）式设备检修临近道路安全设施设置

孔洞盖板

图 5-9　电缆井口辅助安全设施设置

"在此工作"标示牌（根据实际工作位置设置）

防潮帆布

"从此进出"标示牌

图 5-10 箱（柜）式设备检修外部环境安全设施设置

"在此工作"标示牌

断路器和隔离开关操作把手处悬挂"禁止合闸，有人工作"标示牌

带电间隔挂"运行设备"红色布幔

图 5-11 箱（柜）式设备检修内部设备安全设施设置

"禁止合闸，有人工作"标示牌

"禁止合闸，有人工作"标示牌

"在此工作"标示牌

图 5-12　箱式变压器检修内部设备安全设施设置

三、柱上变压器检修作业现场

1. 适用范围

10kV 柱上变压器、配电箱等检修作业现场。

2. 安全设施标准化设置方案

在架空线路检修作业现场设置安全遮栏，要做到横平竖直，留有出入口通道，在安全遮栏内铺设防潮帆布，将各类安全工器具、备品材料等摆放在防潮帆布上。临近狭窄道路施工作业时，应在"前方施工，减速慢行"标示牌前后加放适量安全锥。对空旷无人地段的作业现场，可根据实际简化安全遮栏设置。

柱上变压器、配电箱检修现场外部环境安全设施布置见图 5-13，现场使用的安全设施清单见表 5-4。

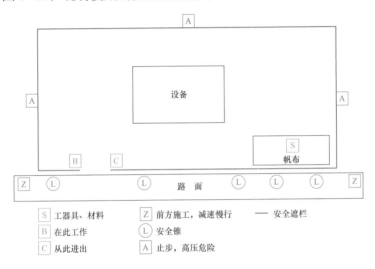

图 5-13 柱上变压器检修现场安全设施设置

表 5-4 柱上变压器检修现场安全设施清单

安全设施名称	必选●	可选○	备注
安全遮栏	●		
"止步，高压危险"标示牌	●		
"在此工作"标示牌	●		
"从此进出"标示牌	●		

续表

安全设施名称	必选●	可选○	备注
防潮帆布	●		
"运行设备"标志		○	
"禁止分闸"标示牌		○	
"禁止合闸，有人工作"标示牌		○	
"禁止合闸，线路有人工作"标示牌		○	
"高压危险，禁止攀登"标示牌		○	
"前方施工，减速慢行"警示牌	●		
安全锥	●		
绝缘挡板（或绝缘罩）		○	

3. 安全设施标准化设置效果图

安全设施标准化设置效果图见图 5-14、图 5-15。

"前方施工，减速慢行"标示牌，道路两端均需放置

安全锥

图 5-14　柱上变压器检修现场临近道路安全设施设置

防潮帆布

"从此进出"
标示牌

"在此工作"
标示牌

图 5-15 柱上变压器检修现场安全设施设置

四、架空线路检修作业现场

1.适用范围

10kV 架空线路停电更换柱上断路器、跌落式熔断器、隔离开关、电压互感器、杆塔、绝缘子、配电自动化设备（FTU、通信箱、故障指示器等），电缆头安装检修、导线断联等作业现场。

2.安全设施标准化设置方案

在架空线路检修作业现场设置安全遮栏，留有出入口通道，在安全遮栏内铺设防潮帆布，将各类安全工器具、备品材料等摆放在防潮帆布上。临近狭窄道路施工作业时，应在"前方施工，减速慢行"标示牌前后加放适量安全锥。对空旷无人地段的作业现场，可根据实际简化安全遮栏设置。

架空线路检修现场外部环境安全设施布置见图 5-16，现场使用的安全设施清单见表 5-5。

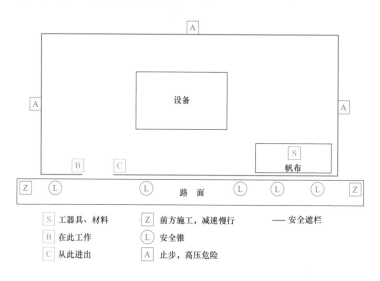

图 5-16 架空线路检修现场安全设施设置

表 5-5 架空线路检修现场安全设施清单

安全设施名称	必选●	可选○	备注
安全遮栏	●		
"止步，高压危险"标示牌	●		

安全设施名称	必选●	可选○	备注
"在此工作"标示牌	●		
"从此进出"标示牌	●		
防潮帆布	●		
"运行设备"标志		○	
"禁止分闸"标示牌		○	
"禁止合闸，有人工作"标示牌		○	
"禁止合闸，线路有人工作"标示牌		○	
"高压危险，禁止攀登"标示牌		○	
"前方施工，减速慢行"警示牌	●		
安全锥	●		
绝缘挡板（或绝缘罩）		○	

3. 安全设施标准化设置效果图

安全设施标准化设置效果图见图 5–17、图 5–18。

"前方施工，减速慢行"标示牌，道路两端均需放置

安全锥

图 5-17　架空线路检修现场临近道路安全设施设置

防潮帆布

"在此工作"标示牌

"从此进出"标示牌

图 5-18　架空线路检修现场安全设施设置

五、电缆线路检修作业现场

1. 适用范围

电缆敷设，电缆中间头制作，电缆沟内清淤、排水及防水施工，电缆通道内各种防护及监测装置的安装，电缆通道内光缆的敷设、熔接等作业现场。

2. 安全设施标准化设置方案

在电缆井口设置安全遮栏，留有出入口通道，在安全遮栏内铺设防潮帆布，将各类安全工器具、备品材料等摆放在防潮帆布上。在行人、车辆通过的地方设置"前方施工，减速慢行"警示牌，在警示牌两端各放置一定数量的反光安全锥。

电缆线路检修现场外部环境安全设施布置见图5-19，现场使用的安全设施清单见表5-6。

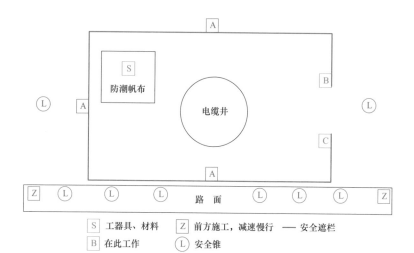

图 5-19　电缆线路检修现场外部环境安全设施布置

表 5-6　　　　　电缆线路检修现场安全设施清单

安全设施名称	必选●	可选○	备注
安全遮栏	●		
"止步，高压危险"标示牌		○	
"在此工作"标示牌	●		
"从此进出"标示牌	●		
防潮帆布		○	
"前方施工，减速慢行"警示牌	●		
安全锥	●		
孔洞盖板	●		
绝缘挡板（或绝缘罩）		○	

3. 安全设施标准化设置效果图

安全设施标准化设置效果图见图 5-20、图 5-21。

安全锥

"前方施工，减速慢行"标示牌，道路两端均需放置

图 5-20 电缆线路检修现场临近道路安全设施设置

"从此进出"标示牌

安全锥，工作点前后各摆放一只

图 5-21 电缆线路检修现场安全设施设置

六、低压设备检修作业现场

1.适用范围

低压分流箱、计量箱更换、消缺等检修作业现场。

2.安全设施标准化设置方案

在低压设备检修作业现场设置安全遮栏，留有出入口通道，在安全遮栏内铺设防潮帆布，将各类安全工器具、备品材料等摆放在防潮帆布上。在行人、车辆通过的地方设置"前方施工，减速慢行"警示牌，在警示牌两端各放置一定数量的反光安全锥。在空旷无人地段的作业现场，可根据实际简化安全遮栏。

低压设备检修现场外部环境安全设施布置见图5-22，现场使用的安全设施清单见表5-7。

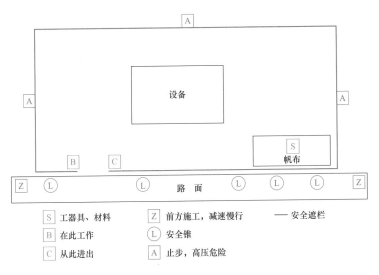

图 5-22 低压设备检修现场外部环境安全设施设置

表 5-7   低压设备检修现场安全设施清单

安全设施名称	必选●	可选○	备注
安全遮栏	●		
"止步，高压危险"标示牌	●		
"在此工作"标示牌	●		
"从此进出"标示牌	●		
防潮帆布	●		
"运行设备"标志		○	
"禁止分闸"标示牌		○	
"禁止合闸，有人工作"标示牌		○	

续表

安全设施名称	必选●	可选○	备注
"禁止合闸，线路有人工作"标示牌		○	
"高压危险，禁止攀登"标示牌		○	
"前方施工，减速慢行"警示牌	●		
安全锥	●		
绝缘挡板（或绝缘罩）		○	

3. 安全设施标准化设置效果图

安全设施标准化设置效果图见图 5-23、图 5-24。

"前方施工，减速慢行"标示牌，道路两端均需放置

安全锥

图 5-23　低压设备检修现场临近道路安全设施设置

"在此工作"
标示牌

"从此进出"
标示牌

防潮帆布

图 5-24　低压设备检修现场安全设施设置

七、保电作业现场

1. 适用范围

配电网各类保电作业现场，如发电车、发电机、连接电缆等场所区域的安全设施标准化设置。

2. 安全设施标准化设置方案

保电作业现场将发电车的操作区域、行走走廊以及涉及保电工作配置在现场的各类特种车辆，应用安全遮栏与周围环境进行隔离，留有出入口通道，按要求悬挂标示牌，对在道路上临时敷设的保电场所连接电缆使用电缆保护槽进行保护。

保电作业现场外部环境安全设施布置见图 5-25，现场使用的安全设施清单见表 5-8。

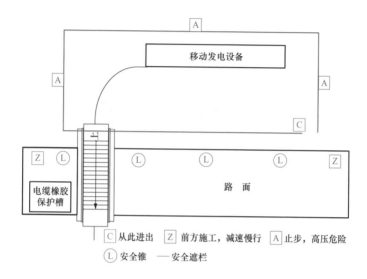

图 5-25　保电作业现场安全设施设置

表 5-8　　　　　保电作业现场安全设施清单

安全设施名称	必选●	可选○	备注
安全遮栏	●		
"止步，高压危险"标示牌	●		
"从此进出"标示牌	●		
"前方施工，减速慢行"警示牌		○	
安全锥		○	
电缆保护槽		○	

3. 安全设施标准化设置效果图

安全设施标准化设置效果图见图 5-26、图 5-27。

图 5-26 保电作业现场临近道路安全设施设置

图 5-27 移动发电车保电作业现场安全设施设置

八、同杆（塔）架设多回线路作业现场

1. 适用范围

（1）同杆（塔）架设的 10kV 及以下电压等级配电线路带电运行，满足《电力安全工作规程》规定的大于 1.0m 安全距离，且安全措施可靠时，进行下层线路的登杆停电检修。

（2）在带电杆塔上进行测量、防腐、巡视检查、紧杆塔螺栓、清除杆塔上异物等工作，作业人员活动范围及所携带的工具、材料等与带电导线最小距离大于 0.7m 的作业现场。

（3）进线跌落式熔断器断开的柱上变压器台架检修工作。

（4）低压配电工作，不需要将高压线路和设备停电或做安全措施的工作。

2. 安全设施标准化设置方案

同杆（塔）架设多回线路作业现场外部环境隔离安全设施设置方案与架空线路检修作业现场相同，安全设施设置见图 5-16。临近带电设备作业现场宜使用绝缘挡板，确保作业满足安全距离要求。同杆（塔）架设多回线路作业现场使用的安全设施清单见表5-9。

表5-9 同杆（塔）架设多回线路作业布防设施清单

安全设施名称	必选●	可选○	备注
安全遮栏	●		
"止步，高压危险"标示牌	●		
"在此工作"标示牌	●		
"从此进出"标示牌	●		
防潮帆布	●		
"运行设备"标志		○	
"禁止分闸"标示牌		○	
"禁止合闸，有人工作"标示牌		○	
"禁止合闸，线路有人工作"标示牌		○	
"高压危险，禁止攀登"标示牌		○	
"前方施工，减速慢行"警示牌	●		
安全锥	●		
绝缘挡板（或绝缘罩）	●		

3. 安全设施标准化设置效果图

安全设施标准化设置效果图见图5-28、图5-29。

"前方施工，减速慢行"标示牌，十字路口处工作，前后左右道路均需放置

安全锥

图 5-28　高低压同杆架设，低压线路检修临近道路安全设施设置

绝缘挡板

防潮帆布

"从此进出"标示牌

"在此工作"标示牌

图 5-29　高低压同杆架设，低压线路检修现场安全设施设置

九、中压带电作业现场

1. 适用范围

绝缘斗臂车作业法开展带电搭、拆引流线，带电拆装跌落式熔断器、带电更换绝缘子、带电更换开关等带电作业现场。

2. 安全设施标准化设置方案

（1）安全遮栏的装设执行《电力安全工作规程（配电部分）》规定的安全距离，按照工作票（或事故紧急抢修单）所列安全措施要求，开展危险点分析，明确预控措施，进行作业现场安全遮栏设置。

（2）安全遮栏设置要求满足绝缘斗臂车（带电作业车）操作时工作半径，应有车体接地措施，在安全遮栏上向外悬挂"止步，高压危险"标示牌。

中压带电作业现场安全设施设置示意见图5-30，现场使用的安全设施清单见表5-10。

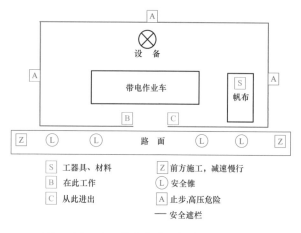

图 5-30　中压带电作业现场安全设施设置

表 5-10　　　　中压带电作业现场安全设施清单

安全设施名称	必选●	可选○	备注
安全遮栏	●		
"止步，高压危险"标示牌	●		
"在此工作"标示牌	●		
"从此进出"标示牌	●		
防潮帆布	●		
"高压危险，禁止攀登"标示牌		○	
"前方施工，减速慢行"警示牌	●		
安全锥	●		
绝缘挡板（或绝缘罩）		○	

3. 安全设施标准化设置效果图

安全设施标准化设置效果图见图 5-31、图 5-32。

图 5-31　中压带电作业现场临近道路安全设施设置

图 5-32　中压带电作业现场安全设施设置

十、中压旁路带电作业现场

1. 适用范围

旁路带电更换柱上变压器、更换开关站（小区变压器）开关柜、检修电缆线路、检修电缆环网柜或电缆分支箱、临时取电给环网柜供电、临时取电给（移动）箱式变压器供电等作业现场。

2. 安全设施标准化设置方案

（1）不停电作业特种车辆（旁路作业布缆车、旁路作业工具车、旁路负荷转移车、旁路开关车、应急电源车等）进入作业现场，依据 Q/GDW 710-2012《10kV 电缆线路不停电作业技术导则》合理选择工作位置，做好车体接地措施。

（2）安全遮栏设置要求满足特种车辆（绝缘斗臂车等）操作时的工作半径，向外悬挂"止步，高压危险"标示牌。安全遮栏预留一个出入通道，出口方向面向道路且远离带电设备。

（3）作业现场各类安全标示（禁止、警告、提示、指示安全标志、"运行设备"红色布幔等）、防护安全遮栏、旁路柔性电缆专用的防护盖板应布置到位。

中压旁路带电作业现场安全设施设置示意见图 5–33，现场使用的安全设施清单见表 5–11。

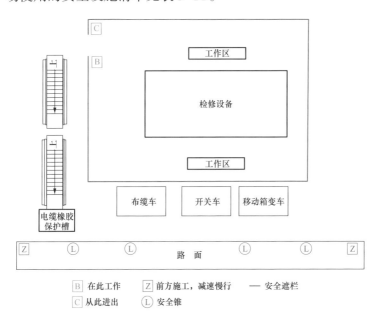

B 在此工作　　Z 前方施工，减速慢行　　—— 安全遮栏
C 从此进出　　L 安全锥

图 5–33　中压旁路带电作业现场安全设施布置

表 5–11　中压旁路带电作业现场安全设施清单

安全设施名称	必选●	可选○	备注
安全遮栏	●		
"止步，高压危险"标示牌	●		
"在此工作"标示牌	●		
"从此进出"标示牌	●		

续表

安全设施名称	必选●	可选○	备注
防潮帆布	●		
"运行设备"标志	●		
"高压危险，禁止攀登"标示牌		○	
"前方施工，减速慢行"警示牌	●		
安全锥	●		
电缆保护槽	●		

3. 安全设施标准化设置效果图

安全设施标准化设置效果图见图 5-34~ 图 5-36。

"前方施工，减速慢行"标示牌，道路两端均需放置

安全锥

图 5-34 中压旁路带电作业现场临近道路安全设施设置

工作点、检修通道等有人通行处需使用电缆保护槽

图 5-35　柔性电缆、连接器防护作业点安全设施设置

工作点、检修通道等有人通行处需使用电缆保护槽

非工作点附近，无行人设备通行处需使用防潮帆布

图 5-36　柔性电缆、连接器防护非作业点安全设施设置

十一、电缆通道建设施工现场

1. 适用范围

城乡配电网电缆沟、电缆排管、电缆盘井等新建、扩建的施工作业现场。

2. 安全设施标准化设置方案

（1）危险区域与人员活动区域之间、带电设备区域与施工区域之间应当有效隔离，满足施工安全距离要求，设置"前方施工，禁止通行""止步，高压危险"等警告标示牌。

（2）施工作业区域与非施工作业区域间、设备材料堆放区域四周、电缆沟道两侧宜采用安全遮栏进行隔离，设置"当心坑洞"和"禁止跨越"等警告标示牌。

（3）高差2m及以上的基坑，直径大于1m的无盖板坑、洞等高处作业面有人员坠落危险的区域，安全遮栏安装应稳定可靠，设置"当心坑洞"警告标示牌。

（4）夜间通行车辆、行人的通道附近孔洞应设置发光警示灯具。

（5）起重机、泵车等机械临近道路施工，距离道路较近时，应在作业地段两侧分别设置"前方施工，减速慢行"警示牌，警示牌前后摆放安全锥，并派专人看管。夜间施工人员应佩戴反光标志，施工地点应加挂发光警示灯。

（6）地下穿越作业应设置爬梯，通风、排水、照明、消防设施，且各类安全设施应伴随作业面推进同步设置。施工用电应采用铠装电缆，或采用普通电缆架空布设。

电缆通道建设施工作业现场安全设施设置示意见图5-37，现场使用的安全设施清单见表5-12。

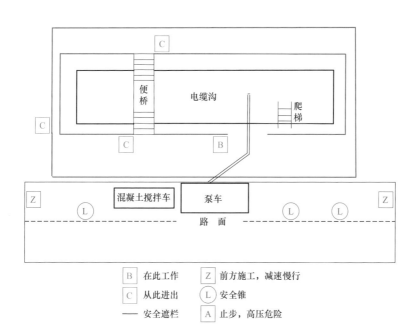

图 5-37 电缆通道建设施工现场安全设施设置

表 5-12　　电缆通道建设施工现场安全设施清单

安全设施名称	必选●	可选○	备注
安全遮栏	●		
"未经许可，不得入内"禁止标示牌	●		
"禁止烟火"禁止标示牌	●		
"禁止跨越"禁止标示牌	●		
"施工现场，禁止通行"禁止标示牌		○	
"必须戴安全帽"指令标示牌	●		
"在此工作"提示标示牌	●		
"从此进出"提示标示牌	●		
"当心坑洞"警告标示牌	●		
"当心坠落"警告标示牌	●		
"当心障碍物"警告标示牌		○	
"前方施工，减速慢行"警示牌	●		
安全锥	●		

3. 安全设施标准化设置效果图

安全设施标准化设置效果图见图 5-38~ 图 5-42。

"从此进出"标示牌

"未经许可"，不得入内

"进入工作现场必须戴安全帽"标示牌

外部安全遮栏需贴有反光条

"禁止吸烟"标示牌

图 5-38 电缆通道建设施工现场外部环境隔离安全设施

"当心坠落"标示牌

"安全通道"标示牌

图 5-39 电缆通道建设施工现场便桥安全设施设置（侧面）

"从此进出"
标示牌

图 5-40　电缆通道建设施工现场便桥安全设施设置（正面）

"当心坠落"
标示牌

图 5-41　电缆通道建设施工现场基坑外部安全设施

爬梯

"当心塌方"
标示牌

防塌方
措施

图 5-42　电缆通道建设施工现场基坑内部安全设施

>>> 第六章
城乡配电网作业现场
安全设施设置事故案例

案例 1　组立电杆作业现场未设置安全设施，造成人员重伤事故

事故发生经过：

2005 年 8 月 2 日，某供电公司外线班根据工作计划安排，在某 10kV 线路进行立杆作业。电杆组立起重作业时，作业现场未设置安全遮栏，未悬挂警告标示牌，起重吊车由现场工作负责人林××指挥，林××于 2 日前参加了起重设备指挥人员技术培训（未取得司索指挥特种作业证），第一次指挥电杆组立。在电杆起吊过程中，临近道路有一辆小轿车从吊车旁边行驶经过，林××赶紧指挥吊车人员停止电杆起吊，停止起吊后电杆晃动剧烈，起吊所用钢丝绳松脱后反弹至工作班成员谢××身上，造成谢××重伤。

事故原因分析：

（1）工作负责人(吊车指挥人员)林××违规操作，仅参加培训未取得合格证就指挥吊车作业。

（2）作业准备阶段，工作负责人林××未组织人员对作业现场装设有效的安全遮栏，未在作业地点临近道路侧设

置"前方施工，减速慢行"或"前方施工，禁止通行"警示牌，是社会车辆误入施工作业区域的直接原因。

（3）起吊重物前，工作负责人林××未检查起吊所用钢丝绳是否绑扎牢固。

吸取事故教训：城区、人口密集区或交通道口和临近通行道路施工作业时，工作场所周围应装设安全遮栏和警告标志牌。

案例 2 临近道路配电线路检修未设置标示牌，车辆挂线造成人身死亡事故

事故发生经过：

2007 年 5 月 15 日，某供电所职工王×、李××对临近乡村道路的 10kV 配电线路进行停电检修，装设接地线后，未对作业范围内电杆进行安全隔离，未悬挂警示牌即许可工作，李××进行登杆作业。检修过程中，乡村道路一辆农用车行驶通过，挂到跨越道路上方正在展放的导线，致使在作业电杆距地面 0.23m 处折断，在电杆顶部作业的李××随电杆坠落在路面上，抢救无效死亡。

事故原因分析：供电所在实施临近道路的配电线路检修作业时，没有在作业范围区域道路两侧设置警示牌，导致农

用车驶入作业区域，倒杆造成人身死亡安全事故。

吸取事故教训：在道路上或道路两侧施工，距离道路较近时，应在作业地段两侧分别设置"前方施工，减速慢行"警示牌。警示牌前后摆放一定数量的安全锥（路锥），必要时应派专人手持红旗进行警示。

案例 3 10kV 电杆高处作业未设置安全遮栏，高空坠物伤人事故

事故发生经过：

2014 年 9 月 9 日，10kV 配电线路作业现场，作业人员杜 ×× 在电杆上进行更换支柱绝缘子工作，许 ×× 负责监护，作业点下方未设置安全遮栏。作业过程中，杜 ×× 放下 A 相导线，拆除 A 相导线绝缘子的螺母，从工具包中取出绝缘子时，A 相的废旧绝缘子从横担上掉落，砸中电杆下方专责监护人员许 ×× 肩部，造成许 ×× 肩胛骨损伤。

事故原因分析：

作业班成员杜 ×× 拆除废旧绝缘子螺母时，没有及时用绳索降至地面，且未对废旧绝缘子进行任何固定措施。

电杆高处拆旧作业，工作负责人未组织对电杆周围环境按照坠落半径装设安全遮栏进行隔离，专责监护人许 ××

站在电杆正下方监护，且未制止工作班成员杜××的违章行为。

吸取事故教训：电杆上方高处检修作业要注意防范坠物伤人，作业点下方应以物体坠落半径设置安全遮栏，非登高作业人员不应随意进入安全遮栏开展工作。

案例 4 作业人员随意变更安全标示牌，造成人身触电死亡事故

事故发生经过：

2006 年 7 月，某供电局对 10kV×× 线路进行停电检修，工作许可人王 × 在 10kV×× 线的开关操作把手上悬挂"禁止合闸，线路有人工作"的标示牌，执行完工作票所列安全措施后进行工作许可，新员工李 × 经过时，随手把 10kV×× 线的开关操作把手上悬挂的标示牌取下，操作人员未进行核实检查操作开关，对 10kV×× 线路恢复送电，造成正在线路作业的许 × 触电身亡。

事故原因分析：作业班成员李 × 未经工作负责人及工作许可人同意，擅自取下运维人员设置的安全标示牌，对操作人员失去警示，造成操作人员误合开关是事故发生的直接原因。

吸取事故教训：工作中，禁止任何人员擅自移动或拆除设备运行单位设置的安全设施，确需改变时应由工作负责人征得工作许可人同意。

案例5　作业人员随意变更安全遮栏，造成人身触电死亡事故

事故发生经过：

2011年10月，××县电气设备安装有限公司在35kV××变电站进行10kV设备的清扫工作，作业期间吊车入场临时变更了安全遮栏位置，安全遮栏误将带电间隔包围在内。工作班成员谭××未注意到安全遮栏位置的变动，误入带电间隔，误碰带电设备造成触电死亡。

事故原因分析：

作业人员未经工作负责人及工作许可人同意，擅自变更安全遮栏范围，且未及时正确恢复，是导致事故发生的直接原因。

现场安全遮栏变更后未对全体工作班成员进行安全交底。

吸取事故教训：工作中，禁止任何人员擅自移动或拆除设备运行单位设置的安全设施，确需改变时应由工作负责人

征得工作许可人同意。短时移动或拆除安全遮栏或标示牌，现场应有人监护，完成后立即恢复。

案例6 开关柜检修作业，未设置安全隔离设施，造成人员触电受伤事故

事故发生经过：

2006年，某供电局检修人员郑×及李×一起到某台区P02柜更换电容器，由郑×担任工作负责人，期间李某暂时离开，郑×决定独自做前期工作，打开P03配电柜后门时，触碰带电设备，电弧灼伤郑×手臂。

事故原因分析：作业人员郑×在未设置安全措施的电气设备上单人工作，误碰带电设备是导致事故发生的直接原因。

吸取事故教训：在部分停电的开关柜上工作，应在禁止通行的检修通道装设安全遮栏。在工作地点相邻和对面运行的开关柜悬挂"运行设备"警示标志，在工作地点后部上柜门及相邻后柜门悬挂"运行设备"警示标志。

案例 7　电缆沟道改造施工，未采取防塌方措施，造成人身死亡事故

事故发生经过：

2009 年 8 月 30 日，某施工单位在某 110kV 变电站出口附近施工。施工负责人涂 × 指挥工人（13 名）进行 10kV 电缆沟基础（沟深 2.2m）平整工作。19 时 10 分，第二段电缆沟体突然发生坍塌，现场 5 名工人被挤压，其中 2 名工人当时被救出。工人自救的同时拨打了 119、110 求助。19 时 20 分，消防官兵到达事故现场。21 时 15 分剩余 3 名工人被消防官兵救出，立即被送往医院救助。其中 1 名工人在医院经抢救无效死亡。

事故原因分析：作业人员在超过 1.5m 深的电缆沟道施工作业，未采取防止土层塌方的安全隔离与防护措施，电缆沟体坍塌是导致事故发生的主要原因。

吸取事故教训：在超过 1.5m 深的基坑内作业时，向坑外抛掷土石应防止土石回落坑内，并做好防止土层塌方的临时防护措施。在土质松软处挖坑，应有防止塌方的措施，如加装挡板、撑木等。不得站在挡板、撑木上传递土石或放置传土工具。禁止由下部掏挖土层。